8° Y
40477

AF612087

LE

TRANSSAHARIEN

Dernière œuvre de Guerre,
Première œuvre de Paix.

avec

NOTE ANNEXE

sur les

Affluents ou Deltas méditerranéens
des divers tracés
accompagnée
de trois Schémas explicatifs

par

V. SCHWICH

INGÉNIEUR CIVIL DES MINES
Délégué du Comité Tunisien
de l'ASSOCIATION FRANÇAISE DU FROID

TUNIS
IMPRIMERIE NOUVELLE A. FOUQUET & Cie
11, RUE AL-DJAZIRA, 11

1916

LE TRANSSAHARIEN

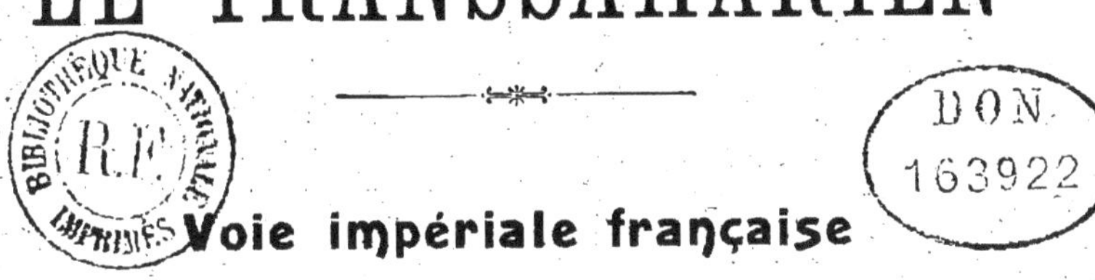

Voie impériale française

Dernière œuvre de Guerre,
Première œuvre de Paix.

Lien des membres épars et des membres futurs de notre empire africain ;

Couteau ouvrant, jusqu'au cœur, l'Afrique centrale française ;

Dernière œuvre de guerre, première œuvre de paix ;

Le Transsaharien redevient d'une palpitante actualité.

Souleyre, condensant une bibliothèque dans son livre de 106 pages : " Le Transsaharien " (Berger-Levrault), Paris 1911, avait écrit :

« Il devient clair que dans une prochaine guerre avec l'Allemagne, les enjeux associés sont l'Alsace-Lorraine et l'Afrique ».

Les renaissantes querelles d'Allemands, depuis le coup d'Agadir, montraient le peu de solidité du terrain politique.

Cette entreprise du Transsaharien, moins colossale, par le coût, que par les résultats possibles, pouvait ne servir qu'au roi de Prusse.

Rien de définitif n'était faisable, avant une guerre attribuant les enjeux.

La guerre va nous les attribuer ; notre possession assurée et durable de l'Afrique française, permettra la construction immédiate du Transsaharien ; le Transsaharien, c'est la mise du fruit, "d'Afrique", à la disposition de la France. Par lui, nous aurons les moyens d'extirper toute racine coloniale allemande du continent africain, de neutraliser l'effort de la haine allemande, manifestée à diverses reprises, par les menées senoussistes, au Tibesti, au Borkou, en Ennedi : ainsi, le Transsaharien sera la dernière œuvre de la présente guerre.

La suite de cette note indiquera comment il sera la première œuvre de paix.

*
* *

Quatre ingénieurs en chef des Ponts et Chaussées : Duponchel, 1878 ; Souleyre 1911 ; Jullidière et Legouez, 1913-14 ; ces deux derniers, collaborateurs de Berthelot, ont défini les conditions techniques du Transsaharien.

Tous demandent une voie, à largeur normale de 1^{m}44, à rails pesants, avec courbes à grand rayon (300 mètres minimum), et pentes faibles (3 à 5 $^{m}/_{m}$, exceptionnellement 10 $^{m}/_{m}$, par mètre).

Les derniers, en date, prévoient des wagons sur bogies, très volumineux, *pour donner aux voyageurs*, en places de luxe, le plus de confort possible ; *aux marchandises réfrigérées*, une protection efficace contre la chaleur ; *diminuer l'effort passif des remous d'air*, par le petit nombre de wagons, composant les trains, *et celui de la traction* par des roulements à billes, adaptés aux essieux des bogies, permettant la traction sur palier, par un effort, non de 1/200, mais de 1/500 ou de 1/800 du poids.

Tous reconnaissent que, de longtemps, un seul Transsaharien pourra être construit.

Duponchel veut une voie ferrée de premier ordre, c'est pour lui « le point essentiel, indispensable au « succès de « l'entreprise, *plus que la rapidité*, afin de rivaliser de bon « marché, avec les transports par eau. »

En lisant son livre, *Le Transsaharien*, édité chez Bœhm,

à Montpellier, en 1878, on est tenté d'assimiler son Transsaharien à un tuyau aspirant, où la force motrice, l'effort commercial, seraient pour chaque marchandise, la différence entre son cours, au lieu de destination, et son cours, au lieu de production, augmenté du transport sur le Transsaharien, et des sujétions de toute nature, évalués en argent.

Plus cette différence sera grande, et plus grand sera l'effort commercial sur la marchandise considérée, jusqu'à amener sa *production elle-même,* et son aspiration par le Transsaharien.

Cette production sera..... la *récolte rémunératrice,* sur des terres, actuellement désertes et improductives.... par manque de culture.

Duponchel proposait 0f012 (douze millimes), comme tarif kilométrique, à réserver pour les marchandises les plus ordinaires, sans sujétion.

« A ce prix, dit-il, ce n'est pas au Niger, mais à des distances doubles, que le Transsaharien pourra s'approvisionner en se prolongeant, par des embranchements, dans les régions les plus écartées de l'Afrique Centrale. »

Ainsi, le Transsaharien tend à se transformer en transafricain, par le fait seul de la perfection de sa voie, permèttant d'appliquer un tarif minimum très-bas aux marchandises les plus ordinaires, sans sujétion.

La voie ferrée et son outillage, dit encore Duponchel, sont la cause déterminante de la production agricole et de l'industrie des pays qu'ils traversent.

Le Colonel Mangin nous dira plus tard, à propos du chemin de fer de Kayes à Bamako : « Ce n'est plus le chemin de fer qui va chercher, mais lui, qui provoque le fret. »

*
* *

Deux tracés de Transsaharien : le tracé Souleyre et le tracé Berthelot, *entre plusieurs autres,* étaient, avant la guerre, soumis au choix des Français.

Je dis des Français, car c'est de France (et on le verra par suite de cette note) que l'ensemble de la question doit être examinée.

Avant de les comparer l'un à l'autre, qu'il soit bien entendu, que tout auteur de projet de chemin de fer transsaharien, étant censé travailler, uniquement, au profit de la plus grande France, il n'y a qu'à puiser dans les projets, les idées, les procédés de traction et de construction, etc., etc., de chaque auteur, pour en doter le tracé, le plus favorable à l'intérêt impérial français.

Eléments de trafic, tarif kilométrique minimum, tracé, épanouissement du tronc commun, en rameaux ferrés, au Soudan et en Algérie-Tunisie, aboutissement le plus court de la voie aux ports les plus importants, doivent former un ensemble congruent, adéquat aux nécessités démontrées, d'où résultera, pour le Transsaharien le plus favorable, une activité plus grande.

Si l'un des deux tracés peut, par cette convergence, sur un seul, des meilleures conditions des deux, l'emporter sur l'autre, pour le service des marchandises, des voyageurs, des postes et de l'influence française, en général, c'est à lui, que doivent aller toutes les préférences des Français.

Transsaharien de Souleyre ou tracé des six ports, ainsi nommé à cause de l'équidistance à Touggourt d'Alger, Bougie, Philippeville, Bône, Sousse et Sfax. — Souleyre prévoit, comme éléments de trafic, produits du Soudan, la *viande réfrigérée, la laine, les peaux, les cuirs, etc.*

Il est l'auteur de l'assimilation entre eux, pour la production en moutons, des pays voisins des grands déserts : australien, transcaspien, grand chaco, sahara.

Outre un million de kilomètres carrés, entre le 14e et le 21e degré,

Il prévoit, du 11e au 14e degré, 800.000 kilomètres carrés de zone, propre aux labours, ou à l'élevage des bœufs et des zébus, très peuplée de porcs.

Ainsi, la *Vie pastorale*, ne demandant à la France que des capitaux restreints et très peu de gérants, se développera dans notre empire africain, partout, où elle sera possible, et produira, à outrance, la viande, munition indispensable à la lutte contre la vie chère et l'alcoolisme.

Le *chameau* sera la grande production de la lisière du désert et de l'Ahnet, du Mouydir, de l'Adrar Nigritien, etc.

Le passage du Transsaharien, à distance des centres de productions minérales, animales ou végétales, rendra cet animal, aussi nécessaire que le cheval en France, à partir de la construction des premiers chemins de fer.

Tout le delta du Niger, de Diafarabé-Mopti à Kabara ; 4 à 5 millions d'hectares, est dans le rayon d'attraction du Transsaharien.

C'est une zone, fertile en grains et en produits de la ferme, où l'on prévoit aussi la culture et la production d'une tonne de coton, par hectare, sur 100.000 hectares.

On prévoit une production fruitière intéressante, dans la boucle du Niger et aux alentours Est, Ouest et Sud du Tchad. Cette dernière région sera aussi productive du coton.

La canne à sucre peut être cultivée sur d'importantes surfaces.

Les marchandises d'importation prévue, seront les machines agricoles, de la quincaillerie ; des véhicules légers et démontables, des combustibles de choix, des mazout, benzines, des matières lubrifiantes ; des matériaux de construction, ciments de première qualité, toiles asphaltées ou caoutchoutées, fibro-ciments, carreaux légers de revêtement, carbolineum, armes, cartouches, des vins, des vêtements, des pièces d'étoffe, des meubles, de la miroiterie, etc.

On peut prévoir que, dans un avenir prochain, les phosphates seront demandés dans la partie basse du delta du Niger. Ce fleuve, au moins, dans ces régions, a une pente totale de *deux centimètres environ, par kilomètre,* C'est pourquoi, l'aval reçoit une eau, bien décantée de limon fertilisant et, comme le maïs, le sorgho, le riz, le blé, sont demandés à la même terre, deux ou trois fois l'an, je crois pouvoir assurer que la vente des phosphates y deviendrait bientôt prospère, si le Transsaharien était construit.

Les surfaces immenses, décrites ci-dessus, n'ont pour le moment ni produits ni besoins, si elles deviennent exportatrices ou importatrices elles le devront au Transsaharien.

Souleyre rapproche le tarif kilométrique minimum, des marchandises les plus ordinaires, sans sujétion, du prix de revient de traction, que des études approfondies lui ont permis de fixer à :

onze millimes (0f011) pour 300.000 unités, voyageurs et marchandises annuellement.

sept millimes et demi (0f0075) pour 500.000 unités. voyageurs et marchandises annuellement.

Multipliant ces prix de revient, par le coefficient 1,33, il fixe le tarif minimum, dans le premier cas, à 0f015, et dans ce cas, il emploie les locomotives à vapeur.

Dans le deuxième cas, à 0f01 ; dans ce cas, la force motrice est fournie, à la tension de 30.000 volts, par des usines électriques, éloignées de 200 kilomètres, l'une de l'autre.

Souleyre fixe le tarif kilométrique de transport de la viande réfrigérée à environ 0f065 au début, plus tard à 0f05, de façon à assurer à la Compagnie, exploitant le chemin de fer, un bénéfice net de 100 fr., par tonne de viande transportée.

*
* *

Le tronc commun du Transsaharien, de Souleyre, commence à Touggourt, suit le Gassi Touil, le cours de l'Ighar-Ghar, passe entre le mont Oudan et la Coudia de l'Ifetessen, puis au voisinage de Silet, point de passage obligé des deux tracés sur le versant sud-ouest du Hoggar, et s'unit au tracé Berthelot, au kilomètre 2.323 de ce tracé, depuis Oued Sly. Ce point est le kilomètre 2.130 du tracé Souleyre, depuis Philippeville. Oued Sly est la première station, sur le P. L. M. Algérien, après Orléansville, dans le sens Alger-Oran. Le tronc commun se termine au 20e degré de latitude et 2e degré de longitude Est.

Touggourt est situé sur la bissectrice de l'angle d'avancée d'Afrique mineure, entre les deux bassins de la Méditerrannée.

Ainsi, Touggourt est appelé à jouer, à la fois, par rapport à l'Algérie-Tunisie, le rôle des deux villes de Lambèse, en Mauritanie, de Gafsa, en Byzacène, à l'époque romaine.

A 100 kilomètres près, la distance est la même, de Touggourt à Alger, Bougie, Philippeville, Bône, Sousse et Sfax.

De Touggourt, par Biskra et la voie existante, on gagnera Philippeville.

De Touggourt, par Biskra et le raccourci El Outaya-El Achir, on gagnera Alger et Bougie.

De Touggourt, par El-Oued, Metlaoui, Tabeditt, Sidi-bou-Baker, on pourra gagner le Djebel Onk et Tébessa.

De Touggourt, par Gafsa et Graïba, on gagnera Sfax, Tunis et Bizerte.

Au 20e degré de latitude et 2e degré Est de longitude, le tronc commun donne une bifurcation vers Bourem, point le plus oriental de la boucle du Niger, ou vers Ansongo, et se relie, par Ouagadougou, Bougouni à Conakry. On peut gagner, par ce port, le Brésil et l'Amérique du Sud.

A Bougouni, on peut aussi bifurquer vers Dakar.

Si l'on aboutit à Bourem, on peut, enfin, par un chemin de fer à construire, côtoyant le Niger, rejoindre Koulikoro, Kayes, Dakar et, par Dakar, l'Amérique du Sud, après un parcours plus long.

A partir du 20e degré, l'autre branche, la principale, se dirige vers le Nord du Tchad et le contourne par l'Est.

Si le Cameroun est attribué à la France, il conviendra

d'obtenir de l'Angleterre de contourner aussi le Tchad par Barroua et Kouka. Cette variante aboutirait à Bangui, ou mieux à Libreville.

*
* *

L'aboutissement méditerranéen du tracé Souleyre a été déterminé par la connaissance des lieux, la réflexion patiente, en dehors de tout intérêt particulier, des Choisy, Beringer, Capitaine Bernard (devenu depuis Général), Georges Rolland, Général Philebert, Paul Leroy-Beaulieu, Souleyre, etc.

Il y a avantage à aborder l'Algérie-Tunisie, dans sa partie, la plus fournie des voies ferrées, la plus peuplée, et peuplée de toutes les races de la Méditerranée et de l'Afrique. Là, le magasin est en façade, indéfiniment renouvelée, depuis les temps les plus anciens, sur les carrefours les plus passagers, de la plus importante des voies mondiales.

Il attirera les chalands vers les marchandises nécessaires à tous les peuples : la viande, les fruits frais, la laine, le coton, les grains, maïs, riz, sorgho, etc., les antiquités puniques et romaines retiendront les touristes

Je me réserve de parler des voyageurs, des plis et paquets postaux et des messageries, à propos du tracé Berthelot.

Ce second tracé et les services, qu'on en attend nous sont exposés dans le *Bulletin de l'Afrique Française* de janvier 1912.

Je ne saurais trop conseiller à mes lecteurs de se procurer le malin plaisir de la lecture successive du livre de Souleyre et du bulletin en question, que l'on doit trouver dans toutes les grandes bibliothèques.

*
* *

Transafricain de Berthelot. — Berthelot, dans une conférence, faite à Paris, le 1er décembre 1911, sous la présidence d'Etienne, parla, au nom de l' « Union française pour la réalisation des chemins de fer transafricains », dont il fut le premier président.

« Cette association, dit-il, fait une propagande, dont voici le but : les anciens projets du Transsaharien escomptaient, plus ou moins, l'exploitation commerciale des territoires parcourus et les échanges entre les deux rives du Sahara.

Le Transafricain laisse de côté, comme un bénéfice accessoire, le fret, marchandises de la future ligne ; le seul fret, qu'il recherche, c'est le voyageur.

Il prétend ne pas nuire au magnifique développement des chemins de fer de l'Afrique Occidentale Française, le Baro-Kano y compris. On ne trouve pas de trafic au désert (1) on le traverse, comme le paquebot traverse la mer, sans y pêcher de poissons.

Le tout est de savoir, s'il y a des voyageurs et des marchandises, pour payer le transport d'une rive à l'autre.

La situation n'est plus ce qu'elle était en 1880 (époque de la divulgation du projet Duponchel).

En Afrique Australe, outre les fermiers boers et anglais, établis sur de maigres pâturages, il y a des exploitants de mines d'or et de diamants les plus riches du monde.

Au Sud du Congo Belge se prépare l'exploitation des gisements colossaux de cuivre du Katanga.

Derrière l'autre rive soudanaise se trouvent aussi des terres immenses d'une magnifique fertilité.

C'est là le but, vers lequel doit tendre le chemin de fer destiné à traverser le Sahara.

On ne doit pas s'hypnotiser sur le programme de 1880, il faut le reprendre et l'élargir : au lieu du Transsaharien, faire un transafricain, allant jusqu'à la pointe méridionale du continent.

---

(1) Notez qu'il ne s'agit pas ici du Sahara, mais du désert par manque d'habitants et de cultures celui (d'E. F. Gautier qui manque de nègres).

Sous cette forme, l'entreprise sera incontestablement rémunératrice.

La clientèle, voyageurs, que peut donner l'Afrique équatoriale et méridionale est de 1.300.000 blancs ; son commerce est de 2 milliards et demi ; son importation, d'un milliard de marchandises européennes.

La dépense d'exportation du Transafricain, devant être de 4.000 fr. au kilomètre, il suffirait, pour la payer, que la ligne portât, par jour, dans chaque sens, 50 à 55 voyageurs au tarif kilométre de 0 fr. 10.

Il s'agit d'enlever, chaque mois, aux Compagnies de navigation 3.000 à 3.200 voyageurs, en leur offrant de gagner 7 jours, sur la ligne de Southampton au Cap, 10 jours, sur la distance du Transwaal ; 15 jours, sur celle de Katanga ; 8 jours, sur celle de Madagascar, Zémio, par Tambura, Gondokoro, Monbassa.

Et on aurait, en plus, le transport de quelques marchandises de luxe (les articles de nouveautés par exemple) et des bagages, des postes et des messageries.

Quant à la construction, c'est à l'Etat à la favoriser.

L'itinéraire choisi serait ; Oran, Igli, Adrar du Touat, El Aoulef, Silet, Agadès, N'Guigmi, Bir Alali, N'Délé, Zemio, Stanleyville, le Cap.

L'embranchement de l'Afrique Occidentale Française partirait de Silet, vers Bamba ou Gao.

Cet embranchement est nécessaire.

Des discussions du passé sur le Transsaharien, l'argument, resté seul solide, est l'argument stratégique. Il a acquis plus de force, du fait de l'organisation de l'armée noire.

Qu'un chemin de fer nous permette de transporter les troupes sénégalaises dans l'Afrique du Nord, Algérienne ou Marocaine, immédiatement, le 19e corps devient totalement libre, et peut être employé pour la défense française.

On conçoit même très bien, qu'en certaines éventualités, on puisse avoir recours au contingent noir en Europe ; il serait précieux pour la défense nationale.

De toute façon, par une bifurcation, le Transafricain se joindra à l'Afrique Occidentale Française, réservoir des troupes noires.

Berthelot annonce le départ prochain de la mission Niéger-Cortier, destinée à l'étude du tracé sur le terrain.

Depuis, MM. Jullidère et Legouez, collaborateurs de M. Berthelot, ont produit, dans la *Revue générale des chemins de fer* ou dans le *Bulletin des réunions algériennes,* diverses communications techniques, desquelles ressortent, en définitive : le coût kilométrique de 125.000 francs, pour la voie, en rails de 45 kil. sur traverses métalliques, équipée électriquement, usines électriques comprises, fournissant le courant à la tension de 70.000 volts et éloignées l'une de l'autre, de 740 kilomètres au maximum, distance des points d'eau ; le tarif minimum de 0,04, pour les marchandises les plus ordinaires, sans sujétion.

*
* *

L'intuition rapide, de l'homme très intelligent qu'est M. Berthelot, lui a prouvé les grands avantages de la soudure du chemin de fer impérial français aux voies du Congo Belge et de l'Afrique Australe, et il fait connaître ces avantages.

Mais, à partir du 20e degré, en allant vers le Tchad, ou l'Afrique Occidentale Française, le tracé Souleyre ne diffère pas essentiellement du tracé Berthelot.

Comme Duponchel, Souleyre sait que l'aspiration des voyageurs et des marchandises vers la voie, ne se produit point, sans réaction, attirant la voie, vers les voyageurs et les marchandises.

Souleyre et ses collègues, collaborateurs de Berthelot, fixent le même tarif de 0f10, et de 0f07 pour les voyageurs de 1re et de 2e classes, par trains rapides ; et de 0f02, 0f01, pour les voyageurs des 3e et 4e classes, transportés à la vitesse de 30 kilomètres.

Ainsi, ils attireraient des mêmes régions les mêmes voyageurs, si leur point d'aboutissement méditerranéen était indifférent.

Au début, cet aboutissement méditerranéen agira de toute son influence, car on ne peut pas construire 10.000 kilomètres de voie, d'un seul coup.

Souleyre, par le tarif minimum de 0f01 attirera vers sa voie toutes les productions possibles, d'où rapide pullulation des nègres ; destruction des bêtes fauves ; création de la prairie par les troupeaux ; et sa voie sera d'autant attirée vers le Sud.

Ses collègues, par le tarif minimum de 0f04, mériteront le titre de « Conservateurs du désert ».

Les services rendus par les deux tracés, seront pareils, au moins, pour l'expédition de troupes noires du Soudan.

Ils seraient fort différents, en réalité, à cause de leurs aboutissements méditerranéens différents.

De même pour les postes et les messageries.

Berthelot dit : je ferai la voie de bout en bout.

En réalité, sa voie sera construite, par étapes successives, correspondantes à l'apport annuel possible, des capitaux ou des bénéfices, de la partie déjà construite, à son entreprise grandissante.

Et, pour Souleyre, il en sera de même.

Pour l'un, comme pour l'autre tracé, la construction, dans le parcours de l'empire colonial français, demandera dix ans et 5 à 600 millions à payer, à raison de 50 à 60 millions par an ; ce qui, même après la guerre, n'excédera point les ressources d'un pays, qui versa autrefois, annuellement, de 3 à 500 millions pour la construction de ses chemins de fer.

Berthelot, par l'énonciation du but qu'il poursuit, est conduit à engager, dès maintenant, des pourparlers avec les

Belges et les Anglais [1], en vue de la soudure de sa voie aux leurs, et de la construction ultérieure, chez eux, de voies, à largeur de 1m44, qui n'est pas celle de leurs voies.

Son Transafricain est une voie mondiale internationale.

Souleyre réserve les droits impériaux français et demande qu'on ne les engage qu'à bon escient.

Ne pourrait-on construire les 5 ou 6 mille kilomètres qui doivent traverser notre empire colonial français, c'est-à-dire attendre dix ans, avant de prendre des engagements avec les autres pays ?

De fait, nos relations internationales ne sont pas, en 1915, ce qu'elles étaient en 1911-12.

Je ne parle pas là de l'Allemagne, de l'Autriche et de la Turquie. Notre alliance avec l'Italie nous crée l'obligation de suivre le tracé Souleyre, et nous devons rechercher tous les moyens d'augmenter l'influence française dans les Balkans et en Grèce.

Le plaisir de la comparaison des thèses de Souleyre et de Berthelot est assaisonné du fait que le deuxième connaissait celle du premier.

Il en a pris cependant le contrepied complet, sans citer une fois le nom de Souleyre. Pourquoi ?

*
* *

A Souleyre, nous devons d'avoir reconnu l'analogie, entre les territoires du Soudan, d'une part, de l'Argentine, du Commonwealth, d'autre part, de ce dernier surtout.

L'homme d'Etat, qui voudra s'occuper des conditions d'établissement du Transsaharien, devra adapter, le mieux possible, tracé et services de ce chemin de fer aux besoins à satisfaire.

---

(1) Voir à ce sujet, l'article H. Lorin « L'Unité de l'Afrique Française » *Revue des Deux Mondes* (août 1913).

Or, tracé et services résultent de l'analogie signalée ci-dessus.

La viande peut être produite abondamment au Soudan. Souleyre en déduit l'avantage que le Transsaharien présentera, en raison de sa rapidité, à transporter la viande, à l'*état réfrigéré*, avantage si grand, surtout pour les jeunes bêtes, qu'il l'attirera de l'Afrique Occidentale Française au-delà de sa zone normale d'attraction et la dispersera, dans les pays riverains de la Méditerranée, au-delà de sa zone normale de dispersion.

La viande réfrigérée est produite, conservée, transportée, à plus bas prix que la viande congelée et elle est de plus grande valeur, pour l'intermédiaire et le consommateur.

Le *wagon frigorifique,* en *roulement constant*, complète au degré voulu, le refroidissement de la viande réfrigérée, commencé à l'entrepôt de l'abattoir, conserve cette viande réfrigérée, la porte, par quantités négociables, où il convient, dans le delta de répartition.

Ou bien, aux ports de ce delta, d'où un bateau, muni, non de cale à congélation, mais de simple chambre froide, partira, le jour même, pour Barcelone, Marseille, Gênes, Naples, Palerme, Malte, Brindisi, Trieste, etc.

Un wagon remplace l'entrepôt couteux, où la viande (fonds de roulement, doublement onéreux, car il faut entretenir son refroidissement), reste en stagnation, tant qu'elle ne peut faire le plein d'un bateau, ou qu'un bateau n'est pas arrivé.

L'organisation de ce service des wagons frigorifiques du Transsaharien s'impose aussi pour les fruits frais.

Admettez-vous ou niez-vous l'analogie de notre Soudan, de la boucle ou delta du Niger, des régions du Baghirmi, de l'Adamaoua, du Congo français, au point de vue, possibilité de production des fruits, avec les régions fertiles en fruits de la Californie.

Si vous l'admettez, comme vous l'avez, par hypothèse admise pour l'Argentine et l'Australie, reconnaissez, par cela même, le rôle dévolu au Transsaharien, comme transporteur rapide de la viande, des produits de la ferme, de la volaille, du gibier et des fruits frais, non pas seulement du Soudan, mais de l'Equateur ; comme transporteur obligé de la laine, des peaux, des cuirs et du coton, des mêmes régions, vers la France, la Belgique, l'Italie, l'Europe centrale, et vous trouverez *indispensable* l'orientation du tronc commun du Transsaharien, vers le delta des ports d'Alger à Sfax, où. ces ports, Bizerte, notamment, et l'entrepôt frigorifique de viande, qui y est indispensable et, grâce à un concours spécial de circonstances, les voies sont préparés à recevoir et à disperser les éléments de son trafic.

Reconnaissez à Souleyre, qui a mis en évidence le rôle démocratique bienfaisant du Transsaharien, l'honneur d'avoir travaillé dans le sens vraiment impérial français.

Ce que je dis du tracé Souleyre, à propos de sa convenance, pour le transport de la viande, des fruits, etc., s'applique aux autres marchandises d'exportation et d'importation.

*
* *

Berthelot (voir le *Bulletin de l'Afrique Française)* ne nie point que la viande, la laine, etc., soient au nombre des marchandises soudaniennes possibles, il les énumère, mais il les juge de trop faible valeur, pour payer leur passage sur son Transafricain, et il les canalise, par les chemins de fer, à voie étroite, vers les ports de l'Afrique Occidentale Française.

D'une des rives du Soudan à l'autre, sur 11 ou 1200 kilomètres, Berthelot prétend ne rien tirer, comme trafic, ni du côté droit, ni du côté gauche de sa voie, si ce n'est par la jonction prévue du Transafricain au voisinage d'Agadès (où il ne passe point et où il n'a aucune raison de passer), avec le Kano-Baro de Nigéria.

On est avec lui en pleine série de paradoxes.

Il semble que c'en soit un encore, alors que l'opinion

(non pas reçue, mais faite chez des gens très avisés, par la connaissance des lieux, par de bons et solides raisonnements, sous forme de solution adéquate aux données du problème) a fixé la ligne idéale du Transsaharien, sur le parcours Alger, Philippeville, Biskra ; Touggourt ; Amguid-Monts Hoggar, de l'arracher de là, de l'infléchir, depuis Silet, vers le Maroc, où elle pénètre, jusqu'à l'ouest de Colomb-Béchar, et à 90 kilomètres de Figuig, pour la faire grimper à 1475 mètres d'altitude, sur les montagnes du versant saharien et gagner Oran, par Ras-el-Ma (Crampel).

Sans en donner une seule raison. Pourquoi ?

La contradiction entre le but à atteindre par le Transafricain et les moyens à employer : en l'espèce, le tracé Berthelot, sera mise en évidence, par la comparaison de ce tracé à une voie ferrée, partant de Marseille, qui, pour mener à Londres voyageurs et marchandises, les ferait passer par St-Brieuc, au lieu de Boulogne, Calais ou Dunkerque.

J'avais cru tout d'abord que, par ce tracé, on utiliserait la voie de Perrégaux-Aïn-Sefra, qui plonge dans le Sud jusqu'à 748 kilomètres d'Oran. Non, le profil en long de cette voie, large d'un mètre, est inacceptable, et Berthelot, parti en guerre, sans la déclarer, contre le tracé Souleyre, sans le nommer, a remis à ses collaborateurs le soin de lui en trouver des raisons, différentes, certainement, de celles qui déterminaient son intervention. Son tracé n'est point le fruit de réflexions patientes, mais un expédient hâtif contre le tracé Souleyre.

De très notables personnages : universitaires, officiers, historiens, merveilleusement aptes à la comparaison et à la critique des idées et des textes, ont écrit en 1912 et 1913 des articles fort intéressants, développant les conceptions de Berthelot, sans dire un mot de Souleyre... Ils semblent mués en imagiers naïfs, tout pleins de leur désir de rendre sensibles aux âmes simples, leur étonnement et leur certitude d'un miracle : l'invention du tracé Berthelot.

Le *Bulletin de l'Afrique Française,* de janvier 1913, nous apporta, en objections, faites par le Capitaine Niéger, chef de la mission Niéger-Cortier au tracé Souleyre, les raisons, *longuement attendues* du changement, incompréhensible, jusqu'alors, de l'itinéraire du Transafricain.

1° La vallée de l'Igharghar (de l'Irrerer) est presque dépourvue d'eau, et on ne trouverait pas, de Touggourt au Hoggar, un seul point d'eau, capable d'alimenter la ligne, si ce n'est peut-être, à Temassinin. Mais Temassinin est à 90 kilomètres en dehors du trajet Gassi-Touil-Irrerer ;

2° Le Gassi-Touil et l'Irrerer sont traversés par des dunes mouvantes. Le manque d'eau rend impossible la fixation de ces dunes ;

3° La piste entre Touggourt et le Hoggar traverse des régions complètement inhabitées.

La première difficulté, même si l'on ne trouvait pas d'eau, de Touggourt au Hoggar (ce qui n'est pas, car le tracé Souleyre rencontre sur son passage plus d'eau que le tracé Berthelot) est une question d'argent.

La deuxième difficulté n'existe pas, Souleyre l'a démontré. Les vents sont, au Sahara, en équilibre relatif, ils ne charrient point les sables des dunes du Gassi-Touil, qui, à 50 ans de distance, conservent leur emplacement et leur forme.

Les puits sur les passages, entre les dunes, ne sont point ensablés.

Les rapports de Béringer, de la mission Flatters ; de Foureau, de la mission saharienne et du Capitaine des Méharistes, Touchard, affirment ces faits, ou le toujours libre passage.

Les géologues s'accordent, je crois, pour reconnaître la formation geysérienne de ces sables sur place.

Quant à la troisième difficulté, elle n'est point sans de

notables précédents dans l'histoire des chemins de fer. Il n'y a lieu de s'en occuper, que pour profiter de l'expérience acquise.

*
* *

Si le tracé Berthelot donnait au transport des voyageurs, des postes et des messageries et de quelques objets de commerce, échappés aux mailles étroites du tarif minimum de Jullidière et Legouez, satisfaction plus complète que le tracé Souleyre, ce service, rendu aux conceptions inadmissibles, à mon avis, de son auteur, enlèverait à ce tracé son caractère paradoxal.

Mais, le contraire est vrai, car l'*aboutissement à Oran*, port, dont l'excentricité, par rapport au bassin occidental de la Méditerranée, est bien montrée par le schéma ci-joint, des parcours maritimes à accomplir entre ports méditerranéens favorise *l'évasion*, hors de la Méditerranée, vers Cadix, Lisbonne, Bordeaux, Liverpool, Londres, Anvers, Hambourg, des marchandises et des voyageurs ;

ou les force à parcourir les échelles d'Afrique mineure et à gagner les ports méditerranéens, à rebours du bon sens ;

ou allonge leurs parcours en Méditerranée et réduit au minimum les échanges postaux.

L'aboutissement à Philippeville et Alger, au contraire, permet *l'invasion* de toutes les régions méditerranéennes, par les voyageurs, les postes et les marchandises du tracé Souleyre, ou leur appel inverse vers le tracé Souleyre.

Et pourquoi passer par Oran, pour gagner même les ports de l'Atlantique et de la mer du Nord ? La grande activité du port d'Alger facilite la compensation d'un parcours, allongé de 390 kilomètres, d'Oran à Alger, par la moins-value des frets.

Le parcours, de Silet à Alger, par Biskra, est plus court de 322 kilomètres que celui par Oran.

Ce sont trois raisons, commerciales surtout, en faveur du tracé Souleyre.

Le mot de *rapidité* revient fréquemment dans la conférence de Berthelot ; nous sommes d'accord, il faut aller vite, mais donnez-nous en les moyens. A égalité de vitesse des trains, et des bateaux, la plus grande rapidité du parcours total sera en faveur du plus court tracé total, terrestre ou maritime, le maritime ayant plus d'influence que le terrestre.

Le tableau suivant montrera les parcours à accomplir, de Silet — point de passage obligé des deux tracés — situé au pied occidental du massif Hoggar, aux *différents ports* de l'Algérie orientale et de la Tunisie, bien placés pour les échanges, entre l'intérieur du continent africain, et les rivages de la Méditerranée, selon qu'on suivra le tracé Berthelot ou le tracé Souleyre.

N.-B. — Silet n'est pas sur le tracé Berthelot. Par une parallèle à la côte méditerranéenne (angle de 75° sur le méridien) je prends le point correspondant de ce tracé.

Cette note était écrite en août 1915, depuis j'ai reconnu que le tracé Souleyre, était, comme il le voulait, apte à desservir tous les ports d'Algérie et de Tunisie et le Maroc.

DE SILET AUX PORTS DE	LONGUEURS KILOMÉTRIQUES des parcours		DIFFÉRENCES en faveur du trajet	
	par Igli	par Touggourt et Biskra avec raccourci d'El-Outaya à El-Achir	par Touggourt	par Igli
Oran	2.037	2.473		436
Alger	2.395	2.073	322	
Bougie	2.634	1.990	644	
Philippeville	2.945	1.971	974	
Bône	3.046	2.072	974	
Bizerte	3.292	2.318	974	
Tunis	3.291	2.317	974	
Sousse	3.441	2.467	974	
Sfax	3.576	2.602	974	
		par Touggourt, El Oued, Metlaoui, Graïba		
Sfax	3.576	1.977	1.599	
Sousse	3.441	2.110	1.331	
Tunis	3.291	2.260	1.031	
Bizerte	3.292	2.357	935	
		par Tozeur, Gouïfla l'Oued Segui, Mehamla		
Sfax	3.576	1.971	1.608	
Gabès	3.721	1.898	1.822	
		par Metlaouï, S[i] bou Baker, Tébessa, Muthul		
Bizerte	3.292	2.207	1.085	
Tunis	3.291	2.206	1.085	
		par la transversale H[i] Mamar, Laghouat, Tiaret		
Tlemcen	1.999	2.346		347
Oran	2.037	2.260		223
Arzew	2.084	2.253		169
Mostaganem	2.112	2.230		118

Rapprochez ce tableau du schéma des parcours maritimes et *l'anomalie du passage par Oran*, pour obtenir la rapidité vous sera démontrée.

Ainsi, l'Algérie orientale et la Tunisie sont plus éloignées du Soudan de près de 1.000 kilom., par le tracé Berthelot que par le tracé Souleyre.

N.-B. — Les pages 23 et 24 du livre de Souleyre, contenaient, en germe, toutes les liaisons et combinaisons de son tracé avec les voies ferrées de l'Afrique mineure, exposées par le schéma descriptif des deltas. On en pourrait trouver beaucoup d'autres.

Ces nombres de kilomètres, mesurés sur des lignes qui n'existent point ; ces transversales, consacrant, entre beaucoup de concitoyens, un accord, inexistant aujourd'hui, à l'emploi de capitaux, difficiles à réunir, peuvent paraître de simples jeux de l'esprit. Il n'en est rien : ils mesurent la valeur des garanties d'avenir, de la puissance et de l'impuissance latentes des tracés Souleyre et Berthelot, pour l'accroissement général de la fortune publique.

Le premier est riche de toute la valeur actuelle de l'outillage économique : ports, voies ferrées, routes, postes, télégraphes, etc., de l'activite de tous les habitants d'Afrique mineure et des rivages méditerranéens qu'il desservira, auxquels il apportera un énorme complément d'outillage.

L'autre faisant fi du patrimoine commun, est à lui-même sa raison d'être. Il n'a que faire des marchandises.

Mon rôle de Délégué du Comité Tunisien du Froid me force de rappeler que le principal élément du courant descendant vers la Méditerranée est la viande.

Les diverses transversales du Delta Souleyre, outillées pour le service des produits réfrigérés soudanais, permettront par leur passage, au travers des régions pastorales du Djebel Amour, des Ouled Naïl, de l'Aurès, etc., le transport des jeunes bêtes en Europe, dans le moment, où ces viandes font prime, février à mai.

Grâce à cet outillage, les pays producteurs conserveront le cinquième quartier des bêtes, richesse inappréciable, quand on sait en tirer parti.

*
* *

Depuis de nombreuses années, l'Allemagne, la Suisse, et l'Italie ont envoyé en Amérique du Sud de nombreux émigrants.

Partant pauvres, et grossissant le troupeau des 4e classes, en des temps plus propices, elles en enverront encore.

Déjà beaucoup d'entre eux, enrichis de la richesse qu'ils ont créée, dans ces pays, seraient pour les places de luxe du Transsaharien des clients naturels de la ligne Conakry ou Dakar-Bizerte.

Le tracé vers Oran les rejette sur les voies maritimes.

Donc, pour cette raison encore, l'aboutissement Sud-Espagnol du tracé Berthelot n'est pas justifié.

*
* *

Les besoins ultérieurs de la police et de la défense : ceux de main-d'œuvre nécessiteront, vers le Soudan ; ou vers l'Algérie, des transports de troupes européennes ou noires ou de travailleurs.

Ces besoins seront-ils mieux satisfaits, par le tracé vers Oran, que par le tracé vers Philippeville ? — Bien au contraire, puisque, par Oran, il faut parcourir 974 kilomètres de plus que par Touggourt, pour aller du Soudan à Bizerte ; et au contraire par Touggourt le parcours du Soudan à Oran, n'est allongé que de 223 kilomètres.

Bizerte est le centre des forces militaires et maritimes d'Afrique mineure, l'entrepôt des charbons, pétroles, mazout, benzines, matières lubrifiantes ; des poudres, projectiles, armes de toutes sortes.

Il doit être lié aux ports de l'Afrique, comme Kiel l'est aux ports de l'Europe centrale.

Son importance a grandi depuis la guerre.

La viande réfrigérée lui est absolument nécessaire, et l'Italie serait la cliente obligée de son entrepôt frigorifique.

Philippeville, à cause du voisinage de Bizerte, est l'aboutissement de la ligne, de toujours libre passage, entre France et Algérie.

Donc, M. Berthelot veut diriger, à tort, les soldats par ou vers Oran.

Il est moins intéressant encore, d'y diriger les travailleurs.

La guerre et la réparation des ruines de la guerre créeront un grand appel des Kabyles, des Italiens, des Indigènes vers l'Italie, le Nord de la France et la Belgique.

Cette main-d'œuvre, si avantageuse pour la province de Constantine et la Tunisie, devra être remplacée par des nègres du Soudan.

Au contraire, le Maroc et l'Espagne assurent, par leurs ouvriers agricoles, les récoltes de la province d'Oran.

Donc, il est bien plus intéressant de diriger les voyageurs vers l'Algérie orientale et la Tunisie. que vers l'Oranie.

Le tracé par Oran n'offre que des désavantages ;

conduit les marchandises et les voyageurs hors de la Méditerranée ;

tend à diminuer le nombre des voyageurs en place de luxe ;

augmente, pour tous les éléments de trafic, échanges postaux compris, la durée des trajets vers Barcelone, Marseille, Gênes, Naples, et encore plus des trajets vers la Sicile, Malte, l'Adriatique. la Grèce, etc. ;

rend inactifs, pour le service commercial, d'Outre-Sahara, les chemins de fer, plus denses et les ports, plus actifs de l'Afrique mineure, orientale.

Et en définitive, il n'y a aucune congruence entre le tracé Berthelot et les nécessités :

du trafic pour les marchandises, postes ou voyageurs de toute classe, *ni de la défense*, pour les transports de troupes.

*
* *

Il n'y en a pas davantage, pour le service de l'expansion française, en Afrique Centrale, qui sera faite, surtout, par les habitants d'Algérie-Tunisie, et de l'Afrique Occidentale Française et commencera en même temps que les travaux du Transsaharien.

Comme toujours, l'intérêt individuel sera la cause normale de cette expansion.

Les centres de gravité des populations : *Nord-Méditerranéennes ; d'Algérie-Tunisie ; de l'Afrique Occidentale Française au Congo Belge, exclusivement*, sont des pôles, d'où devra, par bateaux ou voie ferrée, jaillir l'activité humaine, au profit de la France et pour leur plus grande utilité réciproque.

Qu'on les unisse par les voies les plus courtes possibles.

Ces voies les plus courtes sont par le tracé Souleyre, non par le tracé Berthelot.

Si, d'après la thèse de Berthelot, le Soudan tout entier, cette surface égale à trois fois et demi celle de la métropole, ne donne aucun produit, pourquoi combiner des tarifs empêchant leur expédition par le Transafricain ?

Et si, d'après la thèse de Souleyre, il doit en donner beaucoup, pourquoi réserver aux chemins de fer et aux ports d'Afrique Occidentale et du Golfe de Guinée, d'une part ;

aux grands ports européens, d'autre part ;

par les vapeurs partant des premiers ports, des denrées dont la cause et le moyen seront l'expansion coloniale algéro-tunisienne, la voie ferrée transsaharienne, ou les connexions frigorifiques ?

L'union française pour la réalisation des chemins de fer transafricains prétend-elle que le transsaharien soit un viaduc surelevé au-dessus des rivages d'Afrique mineure, sans communication avec ses habitants ?

Conclusion. — De toutes façons, le tracé Berthelot n'est pas favorable à l'expansion française en Afrique Centrale.

⁂

Et, maintenant, passons en France, et dans ce moment où tant de braves : pères, époux, fils, oublieux de tout intérêt personnel meurent, le sourire aux lèvres, pour notre mère, la France, efforçons-nous de ne nous inspirer que de son service, pour juger, *de Paris*, lequel, du tracé Souleyre, ou du tracé Berthelot, servira le mieux l'influence française en Méditerranée, en Europe, et dans le monde.

Deux voies, traversant l'Afrique, mondiales, ou appelées à le devenir, partagent les régions méditerranéennes et l'Europe, en zones d'attraction et de dispersion des voyageurs des postes et des marchandises spéciales à chacune d'elles.

La première : Alexandrie, Le Caire, Le Cap continue la voie Londres, Bruxelles, Vienne, Belgrade, Salonique ou celle de la Russie, par les détroits.

Après sa jonction à la ligne de Port Florence-Monbassa, elle desservira Madagascar, Maurice et la Réunion.

La deuxième : Alger, Zémio, plus tard le Cap, desservira :

la Catalogne par Barcelone ;

l'Ouest français, par Port-Vendres ;

Londres, Bruxelles, Paris, par Marseille ;

le Tyrol, Trieste, Venise, la Haute-Adriatique, par Livourne ;

l'Italie centrale, l'Adriatique moyenne, par Naples ;

la Sicile, par Palerme ou Girgenti ;

l'Italie Sud-Adriatique, par Tarente ou Brindisi ;

enfin Malte, Durazzo, les côtes orientales des mers Adriatique et Ionienne.

A l'attrait des antiquités égyptiennes de la voie du Caire au Cap, le tracé Souleyre oppose celui des antiquités puniques et romaines d'Algérie Orientale et de Tunisie.

Cette ligne desservira par Dakar ou Conakry, le Brésil et l'Amérique du Sud.

Par Zemio, Port Florence, Mombassa, Madagascar, Maurice et la Réunion.

L'aboutissement du Cap Caire à la Méditerranée ne peut varier que de Port-Saïd à Alexandrie, sur une longueur de 240 kilomètres.

Celui de la voie occidentale, du Cap à la Méditerranée, peut être déplacé sur les 1.650 kilomètres de nos rivages de la Moulouya à Bou-Grara.

Or, plus nous éloignerons, vers l'Ouest la partie de notre rivage africain, visée par la voie transsaharienne, plus nous perdrons de clients et d'éléments de trafic, en Europe centrale et en Méditerranée, *jusqu'à perdre* la clientèle des rivages adriatiques des Balkans et de la Grèce orientale ; plus en gagnera la voie concurrente.

Croyez-vous que d'Oran ou d'Alger, à 1.600 ou 1.200 kilomètres de Naples, l'influence économique du Transsaharien sur l'Italie sera aussi grande que de Philippeville ou de Sfax ? Cela ne peut être, ni pour les marchandises, ni pour les échanges postaux, ni pour les voyageurs.

Eh bien ! il nous suffit, pour gagner, vers l'Est, notre influence maxima, de faire aboutir notre voie transsaharienne à Touggourt, à égale distance de la côte nord-africaine et est-tunisienne et, grâce à notre voie transverse oranienne, le tracé Souleyre mettra Tlemcen, porte du Maroc, et Oran à des distances moindres de Silet (2.346 kilom.-2.260 kilom.) qu'Alger, par le tracé Berthelot (2395 kilom.)

Entrant ainsi dans le cercle d'action de Bizerte, où Philippeville est aussi placé, le Transsaharien sera bien l'outil impérial, destiné à élargir l'œuvre française.

Et il me plaît de penser, pour la continuité de notre esprit d'altruisme français que :

1° la viande réfrigérée, les aliments à bon marché, prévus par Souleyre, seront un jour apportés de notre Soudan, par la voie impériale française, non seulement à nos compatriotes de France, mais aux citoyens de ressources moyennes, de beaucoup de nations, riveraines de la Méditerranée ou d'Europe occidentale et centrale.

2° une connexion des moyens frigorifiques sera établie, d'un côté à l'autre de l'Afrique, de la Méditerranée et de la France : présage et commencement d'une organisation générale industrielle meilleure,

au grand profit de l'influence française.

Encore une fois, l'intérêt impérial français en France, est mieux servi par le tracé Souleyre que par le tracé Berthelot, et, en définitive, l'écart géographique existant, dès 1911, entre les deux tracés, au détriment du service des intérêts français, sera aggravé et rendu bien plus sensible, après la guerre, par l'écart des états politiques, ancien et nouveau de l'Europe et du bassin oriental de la Méditerranée

S'ils étaient réalisés, le tracé mondial international Berthelot, rendrait à la France et au monde entier des services réduits, par son aboutissement méditerranéen défectueux et les tarifs obstructionnistes de Jullidière et Legouez ;

Le tracé impérial français de Souleyre, porteur de marchandises et de voyageurs, aboutissant en pleine Méditerranée, serait utile au monde entier.

*
* *

Berthelot parle, nous l'avons dit, au nom de l'*Union Française pour la réalisation des chemins de fer transafricains.*

Ce groupe réunit tous les chefs de grandes entreprises coloniales, chemins de fer, compagnies de navigation, peut-être compagnies de cables sous-marins, concessions ou demandeurs de concessions de mines, banques, etc., et remplace la quantité innombrable des intérêts, par la qualité des intéressés et leur intelligence de leurs propres affaires.

Ceux-ci mandataires de leurs conseils d'administration recherchent, par le Transafricain, à satisfaire l'intérêt impérial français, dans la limite exacte, où son tracé et ses services seront favorables à leurs intérêts, très considérables, mais précis et limités.

Prenez-les un à un et, avec quelque réflexion, vous pourrez définir quel intérêt spécial à leur société, les fit entrer dans l'union française des chemins de fer transafricains.

Que le Transsaharien sommeille : plutôt qu'il ne leur nuise..... ou qu'il passe où il leur plaira !

Personne dans cette « Union... » ne représente le chœur des contribuables : Français et Africains, présents et à venir, pour qui, la construction du Transsaharien, sur son tracé logique, serait après la victoire sur les barbares, l'événement le plus important, le plus fructueux, qui puisse être espéré.

Et de même qu'une Eglise, où il n'y aurait que des riches, des chefs et des gens bien portants et point de pauvres, ni de blessés, ni de malades, ne représenterait pas l'Eglise Catholique, de même cette « Union de possidentes » ne représente point l'intérêt impérial français, ni tous les intérêts africains.

Berthelot, dans sa conférence, faite à Marseille en 1911, a dit : « Nous n'apportons pas seulement à l'Etat des conseils, mais aussi des concours ».

Si ces concours étaient donnés à l'Etat, pour hâter et permettre, par des études bien faites, sur le terrain, des tracés proposés : le sien et celui de Souleyre, la comparaison des longueurs, profils en long, ressources en eau de l'un et de l'autre, et le choix définitif du meilleur, nous applaudirions à l'initiative, qui les eût mis à la disposition de l'Etat.

Nous devons au groupe Berthelot les documents topographiques et géodésiques de la mission Nieger-Cortier, sur le tracé Berthelot.

Ces documents sont trop importants, pour que les dépenses engagées à leur sujet, soient autre chose qu'une avance à l'Etat.

Quand en aurons-nous la juste contre-partie ; l'étude du parcours Gassi-Touil, Amguid, Silet ?

Notez que sur le tracé Souleyre il y a en tout à étudier :

1° 200 kilomètres de Touggourt à Fort Lallemand ;

2° 200 » dont 130, en terrain difficile, du Mont-Oudan à Silet.

Nous appelons de tous nos vœux cette étude. Elle doit être faite, à frais communs, par le Département de Constantine et par la Tunisie, également et directement intéressés au passage du Transsaharien sur le tracé Souleyre.

Ce serait, pour la Tunisie, une contribution pécuniaire de 100.000 francs, environ, grâce à laquelle, Alger, Constantine et Tunis feraient bloc contre le tracé Berthelot.

Mais de leur côté les Algérois penchent toujours en faveur du tracé par Laghouat, l'Oued Lua, le M'Zab, El Goléa, le Hoggar, qui les satisferait, mais ne satisferait qu'eux : Alger au-dessus de tout.

Qu'ils paient eux-mêmes, s'il leur convient, l'étude du tracé par Laghouat, et qu'on puisse enfin comparer les satisfactions, données par chacun des tracés à l'intérêt impérial français.

Car la question doit être, en dernier ressort, tranchée en France et par la France.

*
* *

Nom oblige. — C'est pourquoi dans un moment, où tout bon Français, comme autrefois la noblesse et le clergé, fait litière de ses intérêts particuliers, et tient sa vie même, à la disposition de la France, Berthelot reviendra, *seul, s'il le faut, de tout son groupe*, au tracé Souleyre, parce que plus favorable que le sien à l'intérêt français.

*
* *

Par le Transsaharien de Souleyre, l'Afrique mineure acquerra, comme un autre rivage, celui du Sahara, par lequel jusqu'ici, personne ni rien ne venait, personne ni rien ne partait.

Et avant même que les destinées transafricaines, prédites par Berthelot, ne soient accomplies, l'Afrique mineure deviendra, pour son plus grand profit et au profit de la France, de la Belgique, de l'Angleterre, de l'Europe Centrale, de l'Italie, des rivages orientaux des mers Adriatique et Ionienne, *un pays fréquenté par plusieurs dizaines de milliers de voyageurs aisés*, étonnamment pourvu de *ressources alimentaires, de textiles, de productions exotiques* de grande valeur, etc.

L'intérêt impérial français n'est point, nous espérons l'avoir démontré, par cette étude, du côté du groupe Berthelot où apparaissent tant de compromissions, de conseils, accompagnés de concours intéressés.

Il ressort de l'essence même des choses, non à l'improviste, mais par la longueur du temps. Il parle haut, comme la vérité et le droit, unis à la force.

Le Transsaharien, outil consacré à cet intérêt impérial, par le génie français, a pour but, promu plus tard, à la dignité de Transafricain, prévue pour lui par Berthelot, de donner satisfaction aux besoins de quelque deux cent millions d'hommes, en Europe, en Afrique, en Amérique.

Il doit pénétrer, ouvrir, féconder, exploiter tout un monde, de pays, encore demi-sauvages, relier les tronçons épars de notre empire africain, y joindre d'autres membres.

De l'essor d'activité, que suscitera son passage, toutes les entreprises de transports, bien loin de dépérir, retireront une activité plus grande, et viendra un remède aux petits maux, qu'il aura pu causer.

Qu'il passe donc par Touggourt, Philippeville et Alger, non par Oran.

Persuadé de travailler dans l'intérêt français, j'ai voulu consacrer à mon étude, encore inachevée, sur l' « Evolution de la conception du tracé et de l'utilité du Transsaharien », tout le temps de la guerre ; je suis heureux de constater par cette étude que, même, vu de France, l'intérêt français concorde avec celui de mes concitoyens d'Algérie et de Tunisie.

V. SCHWICH,
Ingénieur Civil des Mines,
Délégué du Comité Tunisien
de l'Association Francaise du Froid.

ANNEXE A MA NOTE POLÉMIQUE

AFFLUENTS OU DELTAS MÉDITERRANÉENS

DU FLEUVE TRANSSAHARIEN

suivant les tracés Souleyre, Berthelot et du Méridien de Boghari

N.-B. — Cette note annexe exige l'examen attentif des schémas des tracés transsbariens et des aboutissements méditerranéens de ces tracés.

(*A*) **TRACÉ SOULEYRE**

1° Jonctions, par la rive droite, de la ligne allant de Silet à Philippeville

De Touggourt, le Transsaharien peut s'assembler, par sa rive droite, avec les ports tunisiens et Bône.

JONCTION PRINCIPALE

Effort minimum nécessaire de la Tunisie

Toutes les liaisons possibles, avec les voies aboutissant à ses ports, dépendent d'une branche initiale : Touggourt, El Oued, Nefta, Tozeur, longue de 245 kilom. mettant Tozeur à 1.679 kilom. de Silet.

Tozeur est à l'extrémité du réseau à voie étroite (1m00) du Sfax-Gafsa.

Les dunes d'El Oued sont en saillie de trois ou quatre mètres, seulement, au-dessus des dépressions les plus creuses. Le lieutenant-colonel Godefroy affirme, qu'il suffit, pour passer de l'une à l'autre, d'établir un remblai de la hauteur de la plus haute.

L'eau sous-jacente aux sables, permettra de convertir toute cette région en une vaste palmeraie.

Emploiera-t-on pour la jonction de Touggourt à Tozeur la voie normale, *préférable à mon sens ?*

Il ne dépendra plus, dans ce cas, que de la Tunisie, de la prolonger vers les ports tunisiens, ou de faire chez elle, en payant des employés, ses sujets, le transbordement des éléments de trafic, de la voie normale à la voie étroite.

Cette jonction, en voie normale, ne coûtera pas beaucoup plus que la voie étroite.

Si on l'établissait en voie étroite, il faudrait transborder à Touggourt.

Jonction a Gabès et a Sfax

De Tozeur, la jonction au port de Gabès, par Gouïfla, exige la construction de 219 kilom., en voie normale, ou de 164, en voie étroite.

En voie étroite, il suffit de joindre Gouïfla, sur la ligne de Tozeur à Gafsa, à la ligne de Gabès, déjà construite. Gabès devient ainsi le port méditerranéen, le plus rapproché de Silet (1898 kilom.)

Pour que Sfax, capitale du Sud, ne soit pas moins bien traitée que Gabès, il conviendra, sur la jonction ci-dessus, 44 kilom., avant Gabès, de bifurquer et de rejoindre, par un tronçon de 19 kilom., la ligne nouvelle, allant de Gabès, vers Graïba ; Sfax sera, ainsi, à 1.971 kilom. de Silet, à la même distance de Silet que Philippeville.

L'établissement de la voie normale entre Tozeur et Gabès nécessiterait la voie normale, depuis la première bifurcation sur la route de Gabès à Sfax. La longueur de cette voie normale entre Tozeur, Gabès, Sfax, serait de $219+19+23+36+62=359$ kilomètres.

Jonction a voie normale
à Bizerte et à Tunis

Il conviendrait à la France et à la Tunisie, que Bizerte ni Tunis ne restent sans jonction directe avec le Transsaharien. C'est aussi d'un grand intérêt pour l'Italie et Malte.

Grâce à la voie normale nouvelle, devant relier Bône, par Tébessa, à la voie privée d'El Onk, cette jonction, si celle de Tozeur à Gabès, par Gouïfla, est faite en voie normale, sera obtenue par deux tronçons à voie normale :

Le 1er de 108 kilom : Gouïfla, Metlaoui, Sidi bou Baker et l'intérieur du sommet de l'angle, formé par l'Oued Oum el Ksob, à 18 kilom. N.-O., de Sidi bou Baker.

En ce point, est l'intersection de la voie, venant de Bône par Tébessa, avec la voie privée industrielle de 41 kilom., qui partira d'El Onk ;

La 2e de 130 kilom., entre Boulhaf le Dyr et Muthul, station, située à 47 kilom. de Mastouta, bifurcation vers Bizerte et Tunis.

Entre les deux tronçons, la liaison est assurée 1° par la voie ferrée, mise en voie normale de Boulhaf le Dyr à Tébessa, 16 kilomètres ;

2° par la voie ferrée nécessaire, vers El Onk, 85 kilom.

Bizerte est ainsi placée à 2.207 kilom. de Silet.

Tunis id. à 2,206 id.

L'effort minimum tunisien, en voie étroite ou en voie normale préférable, serait donc de 245 kilomètres.

L'effort maximum tunisien, en voie normale 245+219+19+121+108+100+130 = 942 kilomètres.

La jonction directe à Bizerte et à Tunis comporte un minimum de voie normale 245+139+130 = 514 kilom.

Jonction a Bone par Tébessa, Tozeur

La jonction de Bône au Transsaharien, par Tozeur, ne demanderait point à l'Algérie de frais importants, puisque la voie normale, entreprise de Duvivier, d'abord jusqu'à Tébessa, puis jusqu'à la voie privée d'El Onk (cette partie est de 85 kilomètres) est motivée par les transports des minerais de l'Ouenza et du Bou Kadra, du Dyr et du Kouif, puis d'El Onk, vers son port, mais une participation aux frais d'établissement de la voie, entre la palmeraie d'El Oued et Touggourt.

Cette jonction de Touggourt à Tozeur et à Bône est longue de 704 kilomètres.

2° Jonction par la rive gauche

« Fort-Lallemand, à 1,205 kilomètres de Silet, occupe « l'angle Nord-Est de la plaine, large de 6 kilomètres, en- « viron, formée par l'Igharghar.

« Autour de cette plaine, les dunes forment une cein- « ture, interrompue, ça et là, par des couloirs de terrains « durs. » (Capitaine Touchard, travaux de reconnaissance et de pénétration sahariennes).

Evitant de passer par Fort-Lallemand, on peut, par un de ces couloirs, au Sud-Ouest de la plaine, contourner, par l'Ouest, une île longue de 120 kilomètres, du Sud au Nord, large de 60 au maximum, bossuée de hauteurs, limitée à l'Est, par l'oued Igharghar, au Nord-Ouest, par l'Oued Cidah.

A peu près à la latitude de Ouargla, ce chemin de contour se trouve à sa plus courte distance, 40 kilomètres, environ de ce centre.

Là, à 1.300 kilomètres de Silet, serait la station desservant Ouargla, et à 1.358 kilomètres, celle desservant Guerrara, par Hassi Mamar.

A cette dernière station. il y aurait transbordement, de voie normale en voie étroite, pour rejoindre à Laghouat la ligne, allant à Boghari, qui est, elle-même, à voie étroite ; et à Tiaret, la voie étroite, pour Relizane et Mostaganem ; Guerrara serait ainsi à 1.500 kilomètres de Silet.

On arriverait à Laghouat, après avoir contourné, en terrain facile, la chebka du M'Zab, par l'Est et par le Nord, (Daia Nouïga, Daia Talemzeman).

Ainsi, Laghouat sera à 1.723 kilomètres de Silet.

Jonction avec l'Oranie

De Laghouat, la plus courte jonction avec l'Oranie est par la route d'Aflou, El Oussekr, Trézel, Tiaret.

Laghouat est à 780 mètres d'altitude; Aflou à 1.426 mètres, on redescend à 1.160 mètres, à l'ouest d'El Beïda, pour remonter à 1.200 mètres, au Nador, entre El Oussekr et Trézel. Tiaret est à 1.090 mètres.

La route entre Laghouat et Tiaret est longue de 290 kilomètres.

Cette route traverse, avant Aflou, une région de jardins, producteurs de fruits variés et de primeurs, puis la région pastorale du Djebel Amour, dont Aflou est le centre, puis, des steppes alfatières, entremêlées de pâturages, des terres à céréales de fertilité renommée.

Au Nador, il y a une importante mine d'antimoine, dans la gorge, que suit la route, pour traverser la montagne ; entre Trézel et Tiaret, est un gisement de gypse très important ; à Trézel, il y a un très important marché de moutons.

Oran est ainsi, par Perrégaux, Ste Barbe du Tlélat, à 2.260 kilomètres de Silet ;

Arzeu, par la Macta, à 2.253 kilomètres.

Pour aller à Tlemcen, on prend à Uzès-le-Duc, la ligne actuellement en construction, vers Sidi bel Abbès.

Tlemcen est à 2.346 kilomètres de Silet.

Jonction avec Alger

De Laghouat, pour aller à Alger, il suffit de rejoindre Boghari, extrémité de la voie de Blida-Médéa, on y atteint par Djelfa. Entre Boghari et Djelfa, la voie est actuellement en construction, sur une plate forme, préparée sur l'accotement de la route ; le parcours encore à construire est de 247 kilomètres. Je ne le compte pas dans le programme des travaux à accomplir pour l'œuvre transsharienne.

Par cette jonction, qui suit le tracé du méridien de Boghari, décrit ci-après, Alger sera placé à 2.121 kilomètres de Silet.

RACCOURCI D'EL OUTAIA A EL ACHIR

D'El Outaïa, station à 28 kilomètres, au Nord de Biskra, un raccourci de 175 kilomètres, passant, à travers la cuvette du Chott Hodna, et aboutissant à El Achir, placera Alger à 2.073 kilomètres de Silet, sans transbordement.

Ce raccourci passe à Barika, contourne le Chott remonte le cours de l'oued Ksob, et 10 kilom., après Msilah, longe l'important gisement phosphatier de Maadid, dont le port d'embarquement est Bougie.

Ce port, grâce au raccourci, est, à peu près à la même distance de Silet, que Philippeville ou Sfax, 1990 kilomètres, au lieu de 1971, et à 190 kilom., environ, de Maadid.

Le profil en long de la descente du point d'altitude maxima, El Achir (1.005mètres), bordure des hauts plateaux, accuse une pente *continue* vers le port de Bougie, très favorable donc, à l'exploitation du gisement de Maadid.

CONCLUSIONS RELATIVES AU DELTA SOULEYRE

1° *Longueurs des voies à construire.* — Le tronc commun du tracé Souleyre, de Silet à la jonction oranienne, est de 1.358 kilomètres.

La jonction du tracé Souleyre à l'Oranie exige, depuis le kilomètre 1358, extrémité Nord du tronc commun, à partir de Silet (364+290 kilom.) = 654 kilom. en voie étroite de $1^{m}05$.

La jonction à Alger et à l'Algérie orientale exige, jusqu'à Biskra, 286 kilomètres, + le raccourci 175 kilomètres au total : 286+176 kilom. = 461 kilomètres en voie normale.

2° *Distances des ports algériens et tunisiens à Silet.* — Avec ses branches de rive droite et de rive gauche, le tracé Souleyre place tous les ports d'Algérie et de Tunisie et Tlemcen, porte du Maroc, à une distance presqu'égale de Silet :

le plus proche, Gabès à 1.898 kilomètres de Silet ;

le plus éloigné, Oran à 2.260 kilomètres.

3° *Distance moyenne.* — La distance moyenne de Silet aux ports d'Oran, Arzeu, Mostaganem, Alger, Bougie, Philippeville, Bône, Bizerte, Tunis, Sousse, Sfax, Gabès, et à Tlemcen, porte du Maroc, est de 2.119 kilomètres.

4° *Caractères du tracé Souleyre.* — Un simple coup d'œil, jeté sur le schéma des aboutissements méditerranéens, prouve le bon et incomparable équilibre du tracé Souleyre, qui utilise toute la ramification, actuellement existante, des voies algériennes et tunisiennes, fait concourir à l'œuvre transsharienne l'ensemble des ressources et des populations des deux colonies et enserre, pour le plus grand avantage de l'influence française, l'ensemble de l'Afrique mineure dans le faisceau des colonies africaines.

(B) **TRACÉ BERTHELOT**

Ce tracé va de Silet, à Oran, par Igli, Colomb Béchar, Forthassa, Ste Barbe du Tlélat.

1° JONCTIONS PAR LA RIVE GAUCHE AVEC TLEMCEN ET LE MAROC

De Tabia, à 1935 kilomètres de Silet, on va à Tlemcen, et on rejoint à Zoudj el Beghal, à 133 kilomètres, la ligne de 15 kilomètres, entrant par Oujda, dans le Maroc ;

Avec Beni Saf

De Tlemcen, à 1.999 kilomètres de Silet, on construit une voie étroite, allant à Beni Saf (65 kilomètres).

Avec Ain Temouchent

De la Senia, à 2.030 kilomètres de Silet, on va à Aïn-Temouchent, par une ligne de 70 kilomètres.

Oran est à 2.037 kilomètres de Silet.

D'Oran, avec transbordement, on va par St Leu, Damesme à Arzeu.

Arzeu est à 2.084 kilomètres de Silet.

2° Jonctions par la rive droite

De Colomb Béchar, on peut par la voie étroite, atteindre une quelconque des localités situées sur le rivage oriental de l'île allongée, située entre les deux voies.

De 23 kilom. au N. E. au-delà de Mecheria, on peut :

1° continuer avec transbordement, sur la voie étroite de Saïda à Arzeu.

On atteint Arzeu, par Perrégaux, la Macta, après un parcours de 353 kilomètres. Arzeu est ainsi situé à 2.104 kilomètres de Silet ;

2° établir, comme on se le propose, une voie normale vers Vialar et Oued Sly, station, précédant celle d'Orléansville, dans le sens Oran-Alger.

Cette jonction aura 420 kilomètres. Par là, Alger est placé à 2395 kilomètres de Silet.

De Ste Barbe du Tlélat, à 2.010 kilomètres de Silet, on atteint Alger, par le P. L. M. après un parcours de 395 kilomètres. Ainsi Alger est placé à 2.405 kilomètres de Silet.

Le parcours, par Vialar, Oued Sly, ne raccourcit donc que de 10 kilomètres le trajet de Silet, Igli, Alger.

CONCLUSIONS RELATIVES AU DELTA BERTHELOT

1° *Longueurs des voies à construire.* — Le tronc commun du tracé Berthelot, de Silet à Colomb Béchar est de 1360 km.

Le tracé Berthelot, de Colomb Béchar à Crampel, comprend 498 kilom.

du point, à 23 kilom. (Au Nord-Est de Méchéria) à Oued Sly, 420 kilom. soit au total : 918 kilom. de voie normale.

2° *Distances des ports algériens et tunisiens.* — Le port le plus proche, Oran, est à 2037 kilom. ; le plus éloigné, Gabès, à 3721 kilom. de Silet,

3° *Distance moyenne.* — La moyenne des distances de Silet à Tlemcen et à tous les ports d'Algérie et de Tunisie, est de 2814 kilom.

4° *Caractères du tracé Berthelot.* — Par ce tracé, Alger, milieu de notre rivage Nord Algérien, est à 2395 kilom.; plus éloigné, de 49 kilom. que Tlemcen, point Occidental extrême, par le tracé Souleyre et beaucoup plus éloigné du Soudan que par les autres tracés.

Si donc, on admettait que l'action du tracé Berthelot fût paralysée, au delà de la distance de Silet au plus lointain aboutissement du tracé Souleyre : Tlemcen (2346 kilom.) elle ne dépasserait Blida que de quelques kilomètres.

Le delta du tracé Berthelot est si étroitement limité, qu'une très minime part du réseau, actuellement en exploitation, dans l'Afrique du Nord pourra concourir à l'œuvre transsaharienne.

Etant donné la pénurie de capitaux qui suivra la guerre, la vérité *(On ne peut faire qu'un Transsaharien)*, plus évidente que jamais, rend ce tracé inexplicable, à moins, qu'on ait eu précisément pour but de donner, par lui, à l'Algérie, le minimum, à la Tunisie, *point*, de participation à l'œuvre transsaharienne.

Par le tracé Berthelot, toute l'Algérie orientale et la Tunisie sont, en effet, mises hors du faisceau des colonies africaines, enserrées par le Transsaharien, dont le but principal est de les réunir toutes.

(C) TRACÉ DU MÉRIDIEN DE BOGHARI

Définition du tracé du méridien de Boghari

Il est composé comme suit :

(*a*) d'Alger à El Goléa, par Affreville, Boghari, Djelfa, Laghouat, on suit l'ancien tracé Duponchel (1re variante). Avec la correction, apportée par Pelletreau, Ingénieur des Ponts et Chaussées, à la longueur du tronçon de Laghouat à El Goléa, par l'oued Lua, correction déduite des mesures de la carte au 1/800.000e (voir note sur le Transsaharien 1879), ce parcours total mesure........... 893 km.

(*b*) d'El Goléa, par Aïn Mezzer-Hassi Djelleguem-Insalah-Inrar-Tit, jusqu'à la rencontre du tracé Berthelot (km. 1540 depuis Oued Sly), 11 km. avant Akabli..................... 527 »

(*c*) du kilomètre 1540 au kilom. 2171 (Silet) par le tracé Berthelot..................... 631 »

Total...... 2051 km.

Jonction Oranienne. — Ce tracé doit être combiné avec la jonction oranienne du tracé Souleyre, au delà de Laghouat, par Aflou-Tiaret, vers Mostaganem, Oran, et Tlemcen,

Jonctions Orientales.. — 1° Avec Biskra et l'Algérie orientale.

Il faut, d'autre part, rattacher Laghouat à Biskra, par une ligne parallèle à la chaine des montagnes, aboutissant à Oumach.

Par cette ligne, Biskra se trouvera placé à 1882 km. de Silet, au lieu de 1644, par le tracé Souleyre.

La Tunisie serait desservie par la ligne Biskra-El Guerra-

Souk Ahras. Tunis serait, ainsi, à 2565 km., Sfax à 2850 km. de Silet.

2° Avec Bouïra et Bougie.

Enfin, il faut rattacher Boghari à Aumale par une jonction de 100 kilom., au moins, pour mieux desservir Bougie.

La ligne à voie étroite, d'Aumale à Bouira, est en construction.

CONCLUSIONS RELATIVES
AU DELTA " DU MÉRIDIEN DE BOGHARI "

1° *Longueurs des voies à construire :*

Le tronc commun de ce tracé s'arrête à Laghouat à 1.558 kilomètres de Silet.

De Laghouat à Affreville (d'où il est continué, jusqu'à Alger, par la voie P. L. M.), il exige la construction de 373 kilomètres, et de Laghouat à Biskra, de 325 kilomètres ; au total, 698 kilom. en voie normale.

Et en outre 390 kilomètres de voie étroite pour la jonction avec l'Oranie et avec Aumale.

2° *Distances des ports algériens et tunisiens à Silet :*

Le port le plus proche est Alger à 2.051 kilomètres.

Le port le plus éloigné est Gabès à 2.995 kilomètres.

3° *Distance moyenne :*

La moyenne des distances de Silet à Tlemcen et à tous les ports d'Algérie et de Tunisie est de 2.383 kilomètres, plus forte de 254 kilomètres que celle du tracé Souleyre.

Mais, cette moyenne ne doit être acceptée que sous réserves, car nulle part je n'ai trouvé de précisions sur ce tracé, spécialement destiné à la capitale de l'Algérie et auquel j'attribue une désignation de parcours, entre plusieurs variantes, également difficiles.

Parmi les divers tracés, cités dans ma note annexe, il est, celui, qui, présentant le maximum de difficultés topographiques, nécessitera le plus grand nombre de petites majorations imprévues, coûtera le plus cher et de beaucoup, et aura, quoi qu'on fasse, le profil en long le plus défectueux.

4° *Caractères du tracé :*

Ce tracé, moins cependant que le tracé Berthelot, *met en quarantaine l'Algérie Orientale et la Tunisie* et n'utilise qu'une partie de leur outillage, économique.

On ne peut, pour les bien desservir, par son moyen, faire une transversale de rive droite, entre El Goléa, Ouargla et Touggourt : *elle traverserait des dunes.*

Si l'on ramifiait le tronc commun au sud-sud-ouest d'El Goléa, vers Aïn Mezzer, pour suivre l'Oued Mya (autre variante du tracé Duponchel), les branches seraient inutiles, sur une grande longueur, à partir du point d'insertion.

A hauteur de Ghardaïa, on ne peut ramifier le tronc commun vers Touggourt à cause de la Chebka (filet de couloirs, entre falaises, hautes de 50 mètres, de directions continuellement recoupées, éloignées de 2 à 300 mètres, l'une de l'autre).

A Laghouat, enfin, trop près de l'Atlas, on est forcé de suivre le pied de ses gradins, jusqu'à Biskra, parallèlement au littoral nord-africain, sans pouvoir aborder les rivages tunisiens.

Finalement, le tracé du « Méridien de Boghari » n'est pas précisé dans toutes ses parties, son profil en long sera mauvais, il présente peu de combinaisons et se révèle mal équilibré, pour les services à rendre à l'Afrique Mineure.

CONSIDERATIONS BUDGETAIRES.

(très sommaires)

Ce tronc commun du tracé, accepté définitivement par le Gouvernement Français est un outil d'ordre impérial, et doit être payé par la France, jusqu'au point d'insertion des branches desservant les colonies.

Une transversale comme celle du kilomètre 1358 (à partir de Silet, sur le tracé Souleyre) jusqu'à Tiaret, sert à l'Algérie, mais confère à la France un avantage militaire pour le service du Maroc.

De même, la jonction du kilomètre 1434, par El Oued-Tozeur-Tebessa-Muthul à Bizerte, servira à l'Algérie, pour le service de la palmeraie d'El Oued, et pour les 85 kilomètres, au sud de Tebessa jusqu'à la voie privée d'El Onk. Il sert à la Tunisie par tout son parcours, et il confère à la France l'avantage d'une jonction militaire de ses colonies africaines avec le port de guerre de Bizerte.

Ces considérations ou des considérations analogues permettront de définir la part éventuelle de chaque participant aux dépenses de chaque tracé.

Les deltas Berthelot et « du Méridien de Boghari » sont triangulaires et ont pour sommets le 1er, Colomb Béchar, Tlemcen, Blida ; le 2e, Laghouat, Tlemcen, Bougie.

Le delta Souleyre, entre ses transversales extrêmes, tendues comme des mains, vers Malte, l'Italie, la Grèce et l'Espagne, peut répandre ou recevoir les eaux du fleuve transsaharien dans toute l'Afrique mineure.

Dans ce delta, combien de fois plus grand que celui du Nil, tous les habitants, les tribus arabes, kabyles, m'zabites, seront associés, sous le contrôle facile des autorités civiles et militaires, à l'œuvre transsaharienne, ou à un essor commercial et touristique, intensifié par l'adjonction d'un outillage économique nouveau à l'outillage ancien.

La France, l'Europe Occidentale, l'Afrique et l'Amérique du Sud en retireront des avantages considérables.

Eh bien ! ces deltas : étriqués ou immenses... ma récapitulation des longueurs de voie à construire prouve que l'Algérie peut les obtenir, celui de Souleyre, avec la moindre dépense ; celui de Berthelot, avec dix millions ; celui de Boghari, avec quarante millions de dépenses supplémentaires.

Quant à la Tunisie, il lui suffit de 245 kilomètres de voie large, pour être reliée au courant transsaharien.

J'ose espérer qu'il plaira à la France de se créer grâce à la ligne directe possible vers Tunis et Bizerte, des liens plus étroits avec son alliée, l'Italie,avec Malte et la Grèce.

Ami lecteur !

Si j'ai pu te convaincre, apporte à l'œuvre bienfaisante de Souleyre, l'appui de ta conviction, ou l'autorité de ta parole, donne à mon modeste travail, par ta notoriété, la notoriété qui me manque, aide moi à créer le courant d'opinion qui emportera tous les obstacles.

RÉCAPITULATION

(a) Longueurs du tronc commun au Nord de Silet (en voie normale)	**Tracé Souleyre**. . . . 1358 km. jusqu'à la transversale oranienne.
	Tracé Berthelot . . . 1360 km. jusqu'à Colomb-Béchar.
	Itinéraire du Méridien de Boghari. 1558 km. Jusqu'à Laghouat.

(b) Programmes minimum et maximum de voies normales ou étroites à construire au Nord de Silet :

1° Programme minimum

			VOIES normale	VOIES étroite
Tracés	Souleyre	pour la Tunisie et l'Algérie, (l'une ou l'autre des voies normale ou étroite).	245	245
		pour la France, l'Algérie et la Tunisie).	1.644	
	Berthelot	pour la France et l'Algérie Occidentale.	1.858	
	du Méridien de Boghari	pour la France et l'Algérie. .	1.931	

2° Programme maximum

			VOIES normale	VOIES étroite
Tracés	Souleyre	pour la France et la Tunisie . . . . :	942	
		pour la France et l'Algérie. .	1.819	654
	Berthelot	pour la France et l'Algérie Occidentale	2.278	
	du Méridien de Boghari	pour la France et l'Algérie. . .	2.256	390

Schéma de Distances Kilométriques
entre divers Ports méditerranéens d'Afrique Mineure et d'Europe.

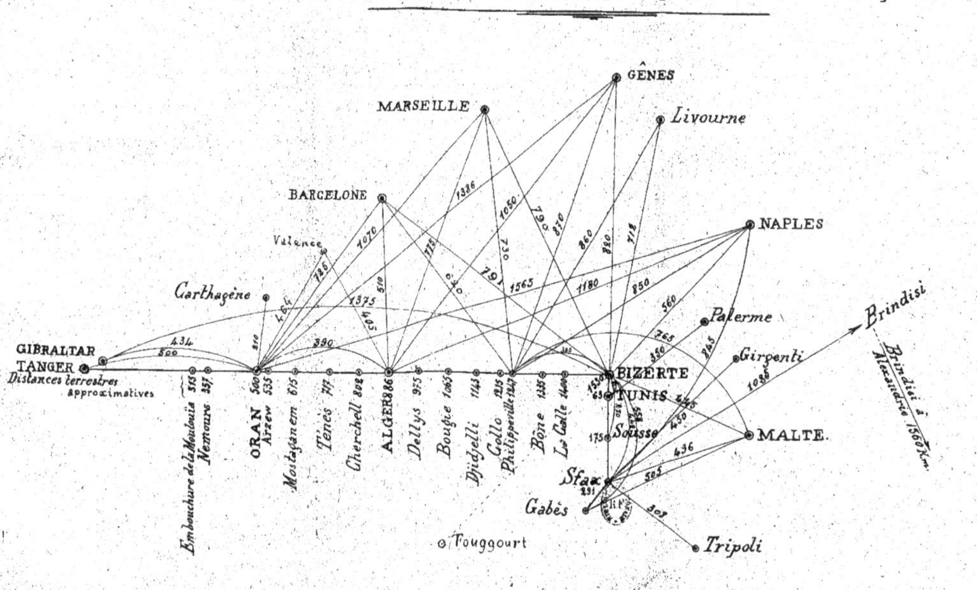

www.ingramcontent.com/pod-product-compliance
Ingram Content Group UK Ltd.
Pitfield, Milton Keynes, MK11 3LW, UK
UKHW021132230726
13926UKWH00002B/745